AF348153

V. 2732.
12.

REFLEXIONS

SUR LES

FABRIQUES NATIONALES,

ET SUR CELLES

DE GAZES EN PARTICULIER;

PAR M. R.... FABRIQUANT DE GAZES.
(Renouard)

Au moment d'imprimer, nous apprenons que, sous prétexte d'encouragement pour le commerce maritime, la compagnie des Indes fait solliciter un indult de 5 pour cent, sur toutes autres soies étrangeres que les siennes; mais le meilleur encouragement pour le commerce maritime ne seroit-il pas la suppression des compagnies des Indes, du Sénégal ? etc. Espérons donc que, pour le profit d'une compagnie, on ne voudra pas sacrifier les fabriques du royaume; et qu'une demande aussi mal-adroitement intéressée, produira un effet tout contraire, et fera supprimer le droit injuste de 22 sous par livre que les soies étrangeres employées par *toutes* les fabriques de France paient au profit de la *seule* ville de Lyon.

RÉFLEXIONS

SUR LES

FABRIQUES NATIONALES,

ET SUR CELLES

DE GAZES EN PARTICULIER.

Depuis assez long-temps on n'ose plus contredire ce principe incontestable, que les fabriques sont un des plus grands soutiens de tout état riche et policé ; mais cette vérité, avouée en théorie, semble dans la pratique avoir été continuellement méconnue par l'administration : les vexations de tous genres ont depuis si long-temps accablé nos fabriques, que c'est par une espece de miracle qu'elles subsistent encore.

Dans ce moment de régénération commune, les fabriquants seroient coupables de garder le silence. Ils doivent exposer leurs maux, et ils le font avec d'autant plus de confiance, que pour les faire cesser, au moins en partie, ils ne réclament aucun encouragement direct et onéreux à la chose publique ; ils demandent à la nation ce qu'elle ne peut refuser à aucun de ses membres, JUSTICE ET PROTECTION.

Quoique relatives aux fabriques de gazes, les réflexions suivantes sont applicables à presque tous les genres d'industrie. Les causes qui ont ruiné les uns ayant également fait le malheur des autres, les remedes doivent être communs à tous ; et nous nous sommes appliqués à ne faire aucune demande qui ne soit d'un égal intérêt pour tous.

La fabrique de gazes a vu briller de beaux jours ; cette branche de commerce, plus importante que sembleroit le faire croire la futilité de sa destination, occupoit dans Paris, en 1774, près de vingt-cinq mille ouvriers, sans compter un nombre presque égal de femmes et enfants, auxquels elle procuroit des travaux faciles (1) ; et les trois quarts du produit de cette fabrique, envoyés à l'étranger, formoient une somme d'exportation de plus de vingt millions.

La grande activité de cette fabrique lui devint bientôt funeste. En 1776, la liberté indéfinie des professions fit fabriquer une énorme quantité de gazes par des gens auxquels cette fabrication étoit absolument étrangere (2). On se lassa d'employer des qualités inférieures ; on eut recours aux Anglois, qui,

---

(1) Cent ouvriers gaziers en font occuper quatre-vingts autres pour le devidage, le découpage, etc. et ces occupations, peu fatigantes, sont le partage des femmes, des enfants.

(2) Loin de nous cette maxime cruelle, que le droit de travailler pour leur compte doit être refusé aux ouvriers intelligents, mais sans moyens pour payer leur maîtrise. Le véritable

encouragés par une préférence exclusive, et sur-tout chèrement payés, surpasserent promptement leurs rivaux, réduits dès lors à un courant de gazes du plus bas prix, et à une consommation très modique.

Quelques années après, les fabriquants françois reprirent courage, et ramenerent dans leurs gazes une perfection qui les égala à celles de leurs voisins. Le moment de leur régénération sembloit arrivé ; déja leurs heureux succès avoient déterminé les Anglois à mettre bas quantité de métiers, lorsque le traité de commerce, bien vu peut-être à quelques égards, mais conclu sans les avis des fabriquants qui y étoient le plus intéressés, et très mal exécuté dans presque tous ses points, vint leur porter le dernier coup. Depuis ce temps, l'extrême facilité de se procurer les gazes angloises, le patriotisme des Anglois, qui dédaignent à l'envi les productions étrangeres, un caprice bien opposé, qui fait préférer ici les gazes angloises, même quand elles sont inférieures aux nôtres ; toutes ces causes destructives ont réduit la fabrique de gazes à un état voisin de l'anéantissement.

Les spéculations de la nouvelle compagnie des Indes portant à un trop haut prix les soies de Chine, qu'elle souvent elle achette de la seconde main, ont aussi fait beaucoup de tort à la fabrique de gazes.

La Compagnie du Sénégal ayant le droit exclusif de la traite des gommes arabiques aussi employées dans

---

mal des fabriques est qu'elles soient dirigées par ceux qui ne les connoissent point : c'est ce qu'occasionna l'édit de 1776.

les gazes , les a portées à un prix triple de celui qu'elles valoient il y a plusieurs années : effet inévitable des privileges exclusifs.

Cette fabrique occupe maintenant à peine quinze à seize cents ouvriers ; et chaque fabriquant chargé de gazes , qu'il ne vend qu'avec difficulté , retient les siens par pure commisération. Quantité de de gaziers ont embrassé un autre état; mais il n'en reste cependant qu'un trop grand nombre sans ressources , et réduits à la plus affreuse misere.

Il sembleroit que les 12 pour cent de droits auxquels les gazes angloises sont soumises à leur entrée en France, devroient laisser à nos fabriques l'avantage de la concurrence, au moins pour la consommation intérieure; mais il est de toute notoriété que par des déclarations frauduleuses, les marchandises angloises, gazes et autres, ne payent presque jamais que le quart ou le sixieme des droits ; et la prime de 3 pour cent, accordée par l'Angleterre sur toutes les gazes qu'on en exporte, compense, et au-delà, les droits d'entrée en France; de sorte que l'acheteur françois reçoit les gazes angloises à un prix égal à celui qu'il paieroit dans les fabriques de Paris.

En outre, la circulation des gazes est astreinte dans beaucoup de nos provinces à des droits multipliés sous toutes les formes. Le marchand de Lyon, de Nantes, de Bordeaux, etc. répugne à demander des gazes qui, avant de lui parvenir, doivent payer des droits aussi excessifs que génans.

Elles sont exemptes à la vérité quand elles passent

à l'étranger ; mais il existe une sorte de gaze qui n'est que main-d'œuvre ; avec la valeur d'une pistole de soie, douze sous de fil , quelques inutiles morceaux de toile fine, et plusieurs mains-d'œuvre successives et très cheres, le fabriquant crée une valeur de 200 livres. Cette gaze qui n'a rien d'intrinseque , dont tout le produit reste dans les mains de pauvres ouvrieres, devroit recevoir une forte prime à la sortie de France : les fermiers au contraire sous prétexte qu'elle n'a plus ses lisieres , et qu'elle n'existoit pas quand les ordonnances ont exempté les gazes , l'ont grevée d'un droit inique de 7 et demie pour cent, qui a beaucoup nui à son exportation, et qui a excité les Italiens et les Espagnols à la faire chez eux.

Les étoffes de soie jouissent de la même exemption, mais les rubans, qui sont une étoffe plus étroite, sont assujettis à des droits. Quel motif a pu faire surcharger par préférence cette branche de commerce dont le débouché tout considérable qu'il est, le seroit encore plus sans cet impôt onéreux ?

Au contraire, par une condescendance dont nous ne pourrions rendre raison , tous les objets qui viennent d'Angleterre, sont admis sans difficulté quand ils n'ont pas été nommément prohibés par le traité de commerce ; ainsi, pour notre malheur, on se prévaut également du silence des loix pour nous rançonner, et du silence d'un traité pour introduire des marchandises qui nous ruinent.

Les Anglois tiennent une conduite bien différente : aucunes de nos marchandises n'entrent chez eux, que

celles nommément permises par le traité; les évalua-
tions en sont faites à la rigueur, souvent même avec
injustice ; il n'est pas de moyens que leurs douaniers
n'imaginent pour contrarier l'introduction de nos
marchandises.

Nos fabriques ont donc un désavantage qui n'est
que trop réel; plus haut prix des soies de Chine,
droits et entraves à la circulation dans presque toutes
nos provinces; droits à la sortie des rubans, des blondes ou des ouvrages de modes, et de celles de nos gazes
qui laissent le plus de main-d'œuvre en France ; gratifi-
cations accordées par l'Angleterre à la sortie de toutes
les siennes, et, ce qui est plus funeste encore, passion
dominante, goût effréné pour tout ce qui est anglois.

Tels sont les maux de nos fabriques, ils ne sont cependant pas sans remede ; il est possible de rendre à
nos atteliers, une portion de l'activité qu'ils ont per-
due ; et sans réclamer des prohibitions toujours gê-
nantes pour les individus, ou des encouragements
souvent mal employés, et toujours onéreux à l'état,
nous ne chercherons que des moyens simples et généraux, avantageux à toutes les classes du commerce,
et déja peut-être décretés dans les cœurs.

Le grand ouvrage de la constitution une fois achevé,
l'Assemblée nationale s'occupant des loix de détail,
aura sûrement égard aux réclamations presqu'univer-
selles, qui demandent la libre circulation de toute especes de marchandises par tout le royaume. Le fabriquant et l'acheteur ne seront plus tourmentés par des
saisies et autres vexations du fisc, aussi absurdes dans

leurs prétextes que nuisibles dans leurs effets. En voici un exemple: pour être minutieux il n'en sera peut-être que plus frappant.

En Octobre 1786, j'envoyai à un Lyonnois quelques coupons de gaze, qui en totalité ne valoient pas deux louis : mes plombs étoient attachés à chacun des coupons suivant l'usage; deux furent arrachés par le frottement de la route: aussi-tôt saisie et long procès-verbal à la douane de Lyon. Je fus obligé de faire ici plus de 20 courses chez des fermiers généraux, M. de Luçay, entre autres, traita cette affaire comme un crime capital; il sembloit à l'entendre que mes deux plombs de moins alloient bouleverser le commerce entier; enfin, par grace spéciale, après mainte requête, mes deux plombs détachés furent taxés à une amende de 23 livres et les droits.

De telles vexations, on l'espere, n'auront plus lieu; et, par une suite de la liberté de circulation, les gazes fabriquées par nos ouvriers en Picardie, nous parviendront directement, sans l'embarras dispendieux des droits de régie.

Mais ce n'est pas assez que les marchandises circulent librement en France. Il seroit très utile sans doute d'accorder des primes aux produits de nos fabriques qui passent à l'étranger ; pour ne reclamer cependant que des moyens d'une exécution facile, nous nous bornerons à demander que toutes les especes de gazes de fabrique françoise soient exemptes de droits, soit qu'elles conservent leurs lisieres ou non ; que les rubans, les blondes et les ouvrages des faiseuses de modes participent à la même exemption. La même demande est faite par les fabriquants en tout genre, et le commerce en ressentiroit promptement les salutaires effets.

Le meilleur régime de la Compagnie des Indes, ou même sa suppression entiere, si l'Assemblée nationale fait au commerce la faveur de détruire cet onéreux monopole, ajouteroit aux avantages ci-dessus de procurer des soies de Chine à un prix moins excessif et moins arbitraire qu'il n'a été depuis que cette nouvelle Compagnie subsiste. Elle ne pourroit faire de ses soies, comme la compagnie du Sénégal de ses gommes, des ventes en totalité, ou, ce qui est pire encore, des ventes simulées à un petit nombre de puissantes maisons, avec lesquelles elle en concerte ensuite les prix à son gré.

Une grande source de prospérité pour nos fabriques seroit peut-être la cessation du traité de commerce avec l'Angleterre ; mais, outre le respect dû à une convention réciproque, nous aurions à redouter une guerre toujours désastreuse quelle que soit son issue, et nous achetterions des avantages de commerce au prix du sang de nos concitoyens.

Essayons donc, en maintenant la foi jurée, de ramener cette convention commerciale à ses véritables termes. Que tout soit au moins réciproque ; que les Anglois n'exigent pas un titre formel d'admission énoncé sur le traité du commerce, pour laisser entrer nos marchandises, tandis qu'il faut un

titre formel d'exclusion aussi spécialement énoncé,
pour que nos douaniers refusent de laisser entrer
les leurs.

Que les vexations les plus injustes ne contrarient
plus chez eux l'introduction de nos marchandises,
tantôt sous le prétexte de nouveaux réglemens inter-
prétatifs d'un traité qui ne doit recevoir d'interpré-
tations que celles consenties par les deux nations ;
tantôt en alléguant d'anciennes loix prohibitives
dont l'effet a dû être annullé par la convention nouvelle.

Que la puissante intervention de l'Assemblée nationale nous procure en conséquence moins de rigueur et plus de bonne foi dans les douanes angloises ; qu'elle se concerte avec le pouvoir exécutif
pour rétablir la fidélité des déclarations dans les nôtres ; et les désavantages de ce traité, moins sensibles
à l'avenir, nous laisseront quelques moyens de
concurrence, et nous permettront de sortir enfin de
l'état d'inertie où nous languissons depuis trop long-
tems.

Il est un moyen plus prompt et plus sûr que tous
les réglemens, et c'est le seul peut-être ; il est à la dis-
position de tous, et ne dépend point des décrets de
l'Assemblée nationale. Le patriotisme nous a rendu
la liberté, lui seul peut rendre l'activité à nos fabriques ; c'est par lui que les manufactures angloises
sont devenues florissantes. Espérons que ce sentiment
sublime, qui depuis six mois a opéré tant de miracles,
dirigé vers des objets moins relevés quoique très

importants , déterminera nos concitoyens à accueil-
lir enfin avec préférence les fruits des travaux de
leurs freres. Que les dames françoises renoncent
à cette prédilection cruelle pour les vêtements
de mousseline tirés entièrement de la Suisse ou
des Indes.

Qu'une parure de gaze, un bijou aient enfin quelque mérite , quoiqu'ils n'aient pas été fabriqués en
Angleterre. Que notre Auguste Reine enfin veuille nous
donner le puissant encouragement de l'exemple ; notre
sort est dans ses mains : à sa voix nos pauvres ouvriers
retrouveront leur subsistance, et l'activité , source de
mille biens , sera rendue à nos travaux.

On a vu quel mal la liberté indéfinie des professions
a fait à la gaze en 1776. M. de Turgot eut des inten-
tions pures, sans doute ; mais son projet, exécuté
pour le profit du fisc , et seulement pour s'emparer
des biens des communautés , ne produisit pas , au
gouvernement, même l'avantage pécuniaire qu'il en at-
tendoit. Les formes ruineuses employées pour la vente
de ces biens, l'insatiable avidité de ceux auxquels ces
opérations de ténebres furent confiées, firent que les
frais absorberent les produits qui étoient cependant
considérables.

Tout homme a certainement le droit naturel d'exercer la profession qui lui plaît; mais, pour le maintien
de l'ordre, il est nécessaire que ce droit soit soumis à
des regles ; et s'il est de justice rigoureuse de ne plus

le conférer à prix d'argent, l'Assemblée nationale sentira sûrement que, sans gêner la liberté, il est indispensable de réunir les citoyens d'une même profession sous de sages réglemens relatifs à l'état qu'ils exercent, et sans lesquels la liberté dégénéreroit en licence.

De nouveaux statuts seront donc nécessaires à ces corporations ramenées à de meilleurs principes; mais ces statuts pourront être rédigés sans précipitation par des négocians instruits, des fabriquans sur-tout, auxquels l'Assemblée nationale en aura confié le soin. Ces statuts, posés sur des bases justes et uniformes, recevront les modifications nécessaires à chaque profession, et ne seront point déshonorés par cette foule d'observances inutiles, cet esprit de monopole, ce respect pour de petits intérêts particuliers, cette multitude de réglemens de fabrique, souvent contradictoires, dont les anciens statuts sont hérissés.

Quelle que soit la décision de l'Assemblée nationale, les fabriquans ne peuvent trop réclamer la conservation d'une ancienne loi, qui n'est pas un privilege, mais un préservatif contre leur ruine certaine. Forcés d'éparpiller leur fortune dans les mains de leurs ouvriers dispersés dans Paris et au-dehors, chaque instant pourroit les ruiner, si les matieres premieres qu'ils ont confiées pouvoient devenir le gage du créancier de l'ouvrier, ou même être retenues pour la dette privilégiée des loyers. Souvent l'ouvrier n'offre à son créancier qu'une chambre nue, meublée de sa seule misere. D'un autre côté, si les ustensiles pouvoient être saisis, souvent l'ouvrier se trouveroit dénué de toutes ressources. La loi est venue à leur secours; les matieres premieres et les étoffes, etc. ne peuvent être saisies chez l'ouvrier pour quelque dette que ce soit; les métiers et ustensiles, responsables des loyers seulement, jouissent de la même immunité pour toutes les autres dettes, même pour le paiement des impositions publiques.

Les fabriquants ont encore besoin d'une police intérieure, que les municipalités ou les tribunaux ne pourroient exercer sans un grand embarras. Souvent il s'éleve des discussions sur la main-d'œuvre: tantôt le fabriquant offre trop peu, d'autres fois l'ouvrier est trop exigeant; la gaze et beaucoup d'étoffes ne sont pas susceptibles d'un tarif pour les façons; les officiers municipaux, ou les juges, sont hors d'état de faire des appréciations convenables; il faut donc que des fabriquants, revêtus de quelque portion d'autorité, puissent, comme actuellement, être les arbitres de ces discussions, et de tant d'autres difficultés imprévues qui s'élevent entre le fabriquant et l'ouvrier, en laissant cependant à celui qui se croiroit lézé, la faculté d'en appeller aux juges ordinaires, ce qui, jusqu'alors, est très rarement arrivé.

Les réglemens qui gênent la fabrication des étoffes, bien loin d'être un moyen de perfection, sont la plus cruelle barriere qu'on puisse opposer à l'industrie. Dans un état où la grande science est d'obtenir des résultats qui plaisent au consommateur, le fabriquant doit être entièrement libre et sur le choix de ses soies, et sur la maniere de les employer. Depuis long-temps les gazes sont heureusement dégagées de ces entraves. Nous n'entreprendrons pas ici d'examiner si elles doivent être conservées pour les fabriques de draps, toiles et cotonades. Il est vrai que ces étoffes exigent, plus que les soieries, une solidité sur laquelle l'acheteur puisse compter; mais des réglemens n'enchaînent-ils pas l'industrie du fabriquant beaucoup plus qu'ils ne sont utiles aux consommateurs? Nous présumons au moins que ces fabriquants, ainsi que ceux de cartes, de papiers, comme viennent de faire les tanneurs, auront fait les plus hautes réclamations sur le brigandage des droits de marque, de visite, etc., enfin sur ces rapines multipliées dont l'invention fut jusqu'à présent un point important de la science des administrateurs, et dont la perception ruineuse pour les fabriques nerend gueres d'autre service à l'État que d'entretenir une infinité d'agens subalternes qui dévorent tout, et tourmentent le fabriquant par mille et mille vexations.

A en juger par les comptes des dépenses publiques, on croiroit le commerce puissamment encouragé : telle a toujours été, sans doute, l'intention de notre Monarque bienfaisant. Mais combien d'intendants, directeurs, inspecteurs d'un commerce qu'ils ne connurent jamais, s'enrichissent de ces précieuses ressources à côté du manufacturier qui languit !

En moindre nombre, moins payées, et mieux occupées, ces places pourroient être utiles : mais données continuellement à l'intrigue et à la faveur, leur but n'est presque jamais rempli. Au moyen de quelques

connoissances spéculatives , d'idées vagues et de pure
théorie attrapées à la volée chez quelques fabriquans , à
force de les obséder , ceux qui occupent ces places ont
pu bâtir des mémoires fastueux et insignifiants sur des
fabriques qu'ils connoissoient à peine ; des phrases leur
ont acquis la réputation de savants économistes ; et
on s'est accoutumé à les considérer comme les soutiens
du commerce , dont ils ne furent jamais que les frélons.

Les premieres places du commerce , si toutefois
elles sont nécessaires , les inspections , si on juge con-
venable de faire inspecter quelques fabriques , ne se-
roient-elles pas plus justement et plus utilement données à d'anciens négociants , à des fabriquants d'un mérite reconnu , et plus en état de remplir les devoirs
de ces fonctions délicates que ceux auxquels les fabriques et le commerce furent toujours étrangers?

Cet écrit , tracé à la hâte , est informe sans doute ;
mais il est l'expression des sentiments de notre cœur.
Nous avons énoncé de tristes vérités ; mais le zele et
les lumieres de l'Assemblée nationale , le patriotisme
de nos concitoyens nous présagent la fin de nos maux ;
et nous entrevoyons avec transport le moment où nos
ouvriers , rendus à leurs travaux , béniront l'heureuse
révolution à laquelle nos fabriques , remises en activité , devront une nouvelle existence.

FIN.